科技

大透視1

汽車方程式

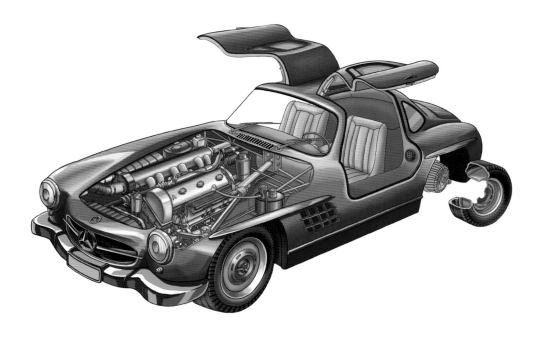

專家薦語

　　翻開書稿，眼睛一亮。哇！盡是從童年就開始神往的名車和愛不釋手的模型。每每跟著大人經過玩具店，總會在櫥窗前賴著不走，盯住五彩繽紛小汽車看個不夠。兒時的我最喜歡把玩和拆裝，曾玩過木製、鐵皮、塑膠各種材料的玩具車，驅動力則有手動、橡皮筋、發條，飛輪或電池。在小夥伴面前炫耀親手製成的模型汽車曾是一大驕傲和享受。某種意義上說，兒時的好奇（心）和好動（手）成就了今天的我。

　　透過作者的巧思，本書以圖為主，既把作為運載工具的汽車卡通化，得以趣味叢生琳琅滿目，又將細部結構展現得淋漓盡致。本書圖文並茂，既精煉幾句就概括了汽車發展漫長的歷史，又以專業術語準確表達了幾乎所有品牌汽車的主要部件及功能。

　　雖為兒童科普讀物，但其中豐富的內容和專業知識也一定會吸引青少年甚至成年人，更可以成為親子互動的好材料。

王松浩

崑山科技大學機械系教授

目錄

目錄

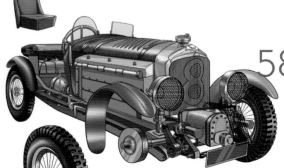

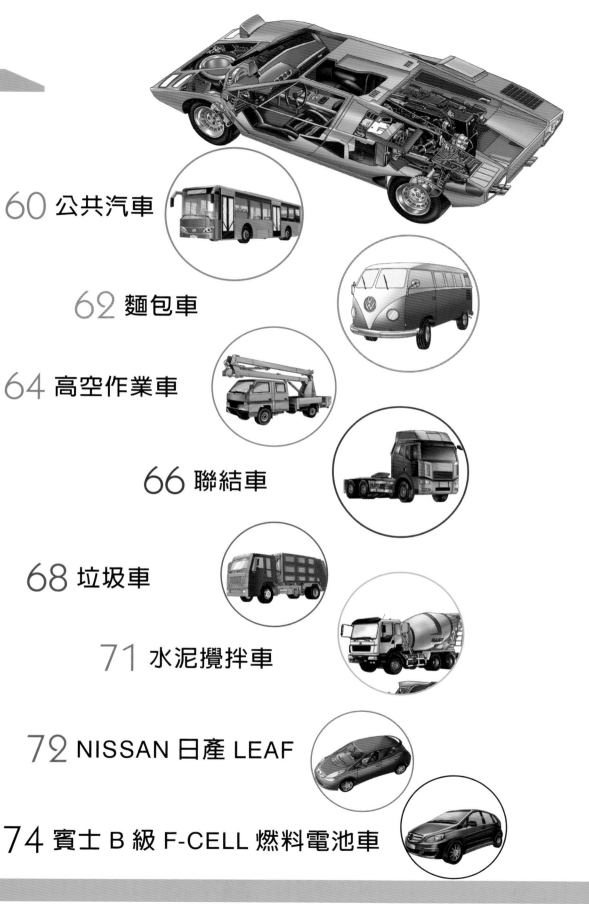

汽車發展史

汽車的誕生改變了人們的交通方式和運貨方式，是個了不起的發明，帶動了整個社會的進步。然而，汽車的誕生和發展卻經歷了一個漫長的過程，凝聚了無數人的智慧和努力。近年來，全球汽車業發展迅速，不僅外觀設計愈來愈多樣化，工業技術也愈來愈高科技化。

誰為汽車的誕生提供了「車輪技術」？

在汽車誕生之前，馬車算是人們普通使用的交通工具。世界上最早的馬車大約誕生於西元前2000年，它最初是由一匹馬拉的雙輪車，隨後逐漸出現了四輪馬車或2～4匹馬拉的馬車，速度比原來的快了好幾倍。直到十九世紀，陸上交通工具還是以馬車為主。

在很久以前，人類充分發揮想像力，認為可以採用滾動的方式前進，於是，輪子出現了。它的出現帶給人類新的流動方式，實現了由移動到滾動的飛躍。

　　一開始的輪子是實心木輪，分別在兩端圓木中間各鑿一個圓洞，再於洞中穿過一根較細的木棍並連接起來。這種輪子較難操作，而且不耐磨，易被壓碎。

西元前
1600 年

輻條和輪圈

　　西元前1600年，人們開始使用輻條和輪圈來固定車輪，雖然同樣是使用木材，但是明顯變得更堅固耐用了。

　　後來，隨著鋼鐵的出現，木輪發展成為鋼制輪，外加橡膠輪胎，內充空氣，車輪變得更完善、更先進，是現代車輪的雛形。

　　配上先進的鋼制輪，馬車更能穩定行駛，但是，人們還是希望可以發明能代替馬，並且更有耐力、更有力量的動力機器，促進車輪轉速。好吧，有了車輪技術，接下來就去尋求新的動力吧。

蒸汽汽車時代來啦

　　為了尋找新的動力，代替「馬」這種交通方式，人們開始了各種嘗試。1680年，英國著名科學家牛頓，計畫利用噴管噴射蒸汽的概念來推動汽車，可惜最後並沒有製作成實物。

西元 1769 年　　　　居紐

　　1769年，隨著蒸汽機的發明，由法國人居紐製造，也是世界上第一輛由蒸汽驅動的三輪汽車──「卡布奧雷」問世了。時速只有4公里，相當於人步行的速度，而且每15分鐘就要停車，在鍋爐加煤，極為麻煩。但是，它的出現代表交通運輸從以人畜、帆為動力，進化到機械驅動的轉折點，標誌著蒸汽汽車時代的到來。

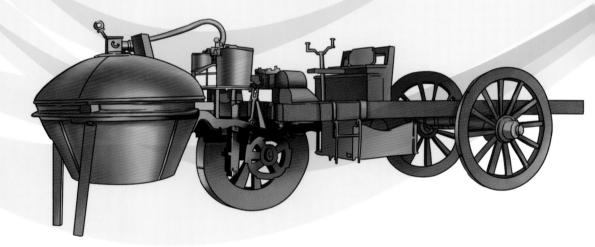

西元 1825 年　　　　戈爾斯瓦底·嘉內

　　1825年，英國人戈爾斯瓦底·嘉內製作出一輛蒸汽公共汽車，此車有18個座位，車速僅1□公里／時，是世界上最早的公共汽車。

西元
1854 年

瓦吉利奧·布羅地諾

1854年，義大利人瓦吉利奧·布羅地諾製造出了載客用的四輪蒸汽動力車。不過，速度慢這項缺點依然沒有解決，且每小時還要消耗30公斤的焦炭，比坐馬車還要昂貴，而速度並沒有增加太多，所以，人們還是喜歡搭馬車。

西元
1911 年

F.E. 和 F.O. 斯坦利兄弟

1911年，由美國的雙胞胎兄弟F.E.和F.O.斯坦利製造的斯坦利蒸汽號71型汽車，明顯在速度上有了進步，每小時可達120公里，不過，因為當時馬匹運輸減少，路上的水槽也相對減少，不容易在路上找到加水的地方，所以，該蒸汽汽車並沒有普及。

內燃機汽車誕生啦

　　1794年，英國人斯垂特首次提出將燃料與空氣混合，形成可燃氣，以供燃燒構想後，科學家紛紛積極研究，終於在1859年，藉由電火花點燃，讓煤氣和空氣合後爆發燃燒，製成了二行程煤氣內燃機。到了1883年，內燃機的運作方式已經展為：進氣、壓縮、動力、排氣四行程迴圈的活塞式汽油內燃機。

西元 1885 年

卡爾·費雷德里希·賓士

　　1885年，德國人卡爾·費雷德里希·賓士將這種汽油內燃機運用在驅動汽車，成功研發出可自行驅動的三輪汽車，並命名為「賓士」，實現了自動化，能以相當於人類跑步的速度前進，公認為世界上第一輛現代汽車。

西元 1891 年

路易斯·潘哈德和埃米爾·萊瓦索爾

　　1891年，路易斯·潘哈德和埃米爾·萊瓦索爾開始研製汽車，並於1895年設計出現代汽車的雛形——四角各有一個輪子，引擎安裝在車身前面，再配上一個離合器踏板、一個變速箱及後輪驅動裝置。

西元 1897 年

奧茲·莫比爾的單座敞篷車

奧茲·莫比爾是美國第一家汽車公司，於1897年成立。1901年開始製造前彎擋板小型單座敞篷車，是首輛應用生產線技術的汽車。

西元 1907 年

勞斯萊斯的「銀色幽靈」

英國汽車製造商勞斯萊斯從1906年開始製造汽車，第二年便推出了當時以速度和豪華舒適著稱的「銀色幽靈」。直至1925年總共製造了7000輛「銀色幽靈」，至今仍有1000輛還在使用。

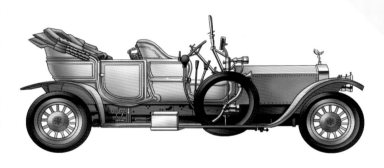

西元 1934 年

雪鐵龍前輪驅動汽車

1934年，法國雪鐵龍公司製造的汽車，採用單體結構構造，讓人眼前為之一亮，對還在生產像四輪馬車一樣的製造商造成了強大的衝擊，此後，車型有了根本性的改變，另外，它也是首輛依靠前輪驅動運作的汽車。

西元
1927 年

布加迪 41 型轎車

　　布加迪「皇家」41型轎車長達6.7公尺，是當時最大的汽車，採用了12升的引擎，動力剽悍，可以驅動一整列火車。僅僅製造了6輛，是世界上最昂貴的汽車，即使是二手的「皇家」，在拍賣會上的價格紀錄，至今仍沒有車款可以打破。

西元
1941 年

吉普車

　　威利·吉普是一種越野性能強的車款。在第二次世界大戰（1939~1945）期間，大約有50萬輛吉普車用於運送國士兵，但因座位不太舒適，坐久了容易引起脊椎損傷。

西元
1955 年

雪鐵龍 DS19

　　雪鐵龍DS19於1955年首次亮相，外形極具現代感，顛覆了傳統車型並引起震憾。該車可以適應不同的載重和路面情況。

**西元
1962 年**

法拉利

為了滿足駕駛者對極限速度的追求，義大利一名頂級賽車手恩佐·法拉利從1940年起，設計了數款世界上最快、也是最昂貴的公路汽車，堪稱經典。

**二十世紀
九〇年代**

一級方程式（F1）賽車

一級方程式賽車的速度每小時可達320公里，是早期汽車的好幾十倍，為了不脫離地面，前端和後端設計成翅膀形狀的翼形，確保當空氣掠過時，將車子往下壓，讓車子能又快又穩地在車道上奔馳。

**二十一
世紀**

綠色能源汽車

將綠色能源作為動力並將其普及。目前，已經研發生產出數款電動汽車，如氫燃料電動汽車本田FCX、純電動汽車日產LEAF，之後會有相關詳細介紹。

一級方程式賽車

為了公平性與安全性，主辦單位制訂了賽車的統一「規格」，只有依照規格製造的賽車才能參賽，這類比賽便稱為「方程式賽車」。一級方程式賽車是國際汽車聯盟制定的方程式賽車規範中等級最高的，國際汽車聯盟縮寫為FIA，因此以F1命名。

 ## 賽車賽級

賽車運動起源於1894年，1904年由國際汽車聯盟成立，國際汽車聯盟管轄的方程式賽車有三個級別，最高級別是一級方程式，接著依序為二級方程式、三級方程式。

後照

遙測技術

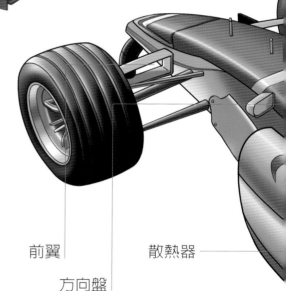

前翼　　　　　散熱器

方向盤

滅火器

輪

刹

 ## 驚人的速度

1995年開始，F1賽車平均速度是200～230公里／時，從靜止加速到100公里／時僅需2.3秒，由0加速到200公里／時，再減速到0，只需要7秒。

 ## 專用輪胎

賽車的專用輪胎共分為6種：中性胎、全雨胎、超軟胎、軟胎、半雨胎以及硬胎。半雨胎與全雨胎在下雨時使用，根據雨量多寡決定。其他4種是用於乾地，根據賽道的特性以及比賽的狀態，選擇不同軟硬程度的輪胎。

5 方向盤易拆卸

為了安全,現在的F1方向盤必須設計成易拆卸的機械結構,讓賽車手能夠在發生事故時,迅速拆下方向盤。

方向盤功能齊全,
賽車手進出時需拆卸。

變速箱
升擋撥片

變速箱
減擋撥片

離合器撥片

————— 單體結構

車載攝影機

引擎

集氣箱

變速箱

4 定風翼

此車尾部裝有像翅膀一樣的定風翼,在高速運動時,利用空氣動力學原理產生下壓力,增加輪胎的附著力,提高賽車過彎速度和高速行駛時的穩定性。

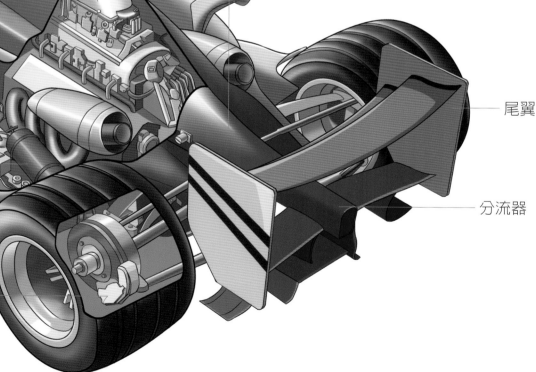

尾翼

分流器

1 身材細長

高速賽車車長7.32公尺，寬卻僅為1.83公尺，車型苗條。這樣的「體型」有利於降低風阻，提高車速。

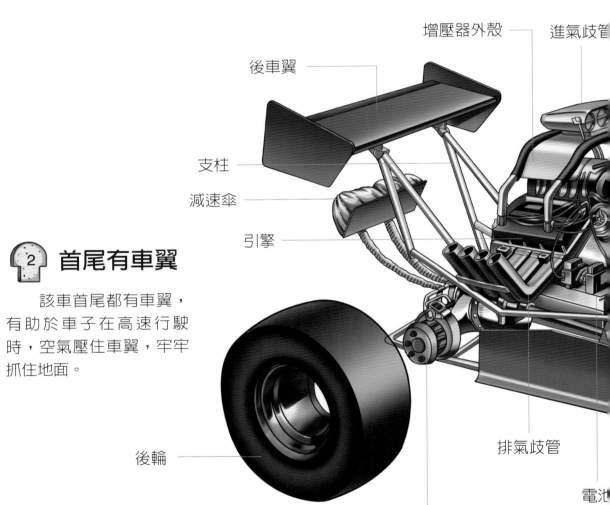

後車翼

支柱

減速傘

引擎

增壓器外殼

進氣歧管

排氣歧管

電池

盤式制動器
（剎車系統）

防滾架

後輪

2 首尾有車翼

該車首尾都有車翼，有助於車子在高速行駛時，空氣壓住車翼，牢牢抓住地面。

3 耗油高，燃料特殊

高速賽車使用頂級燃料，是以濃硝基甲烷和甲醇混合物為燃料，動力更加強大。該車堪稱「油老虎」，需耗費相當大量的燃料。

高速賽車

高速賽車通常能以時速300公里以上的速度在賽場跑道上馳騁，對駕駛者的技術和反應速度是極大的挑戰。其中，頂級燃料高速賽車車型最高速度可達496.7公里／時，一眨眼就可以跑完近四百公尺。

 ## 充滿危險的增壓器

為了獲得更強大的壓力，特別配備了一款增壓引擎，是此車顯著特徵之一。增壓引擎的增壓器在強大的壓力下會爆炸，為避免危險，特別用相同材料，製作「防彈衣」包裹住增壓器。

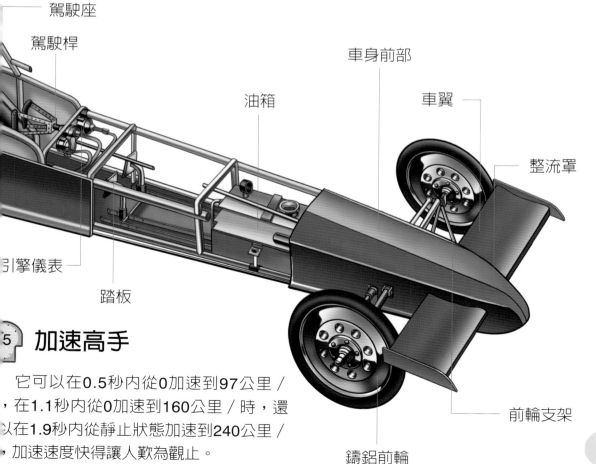

增壓器

增壓驅動帶

駕駛座

駕駛桿

車身前部

油箱

車翼

整流罩

引擎儀表

踏板

前輪支架

鑄鋁前輪

加速高手

它可以在0.5秒內從0加速到97公里／，在1.1秒內從0加速到160公里／時，還以在1.9秒內從靜止狀態加速到240公里／，加速速度快得讓人歎為觀止。

印第賽車

美國印第車賽起源於1911年，最初是在美國著名的印第安納波里斯賽車場上舉行而得名。比賽用車整體結構類似F1賽車的設計，四輪外露、單一座位、純跑道用賽車。

頭盔

疾馳面罩

 ## 1 速度更快

印第賽車若是與F1賽車相比，既大又重而且結構簡單，但並不意味比F1賽車慢，最高車速甚至將近400公里／時。這項比賽被稱為離死神最近的運動。

碳纖維駕駛室

轉向連桿

前車翼

整流罩

2 裝置挑戰

印第賽車不允許使用各種先進的電子裝置，基本上只使用普通離合器、普通變速換檔裝置。對賽車手的駕駛技術而言，無疑是巨大挑戰，也彰顯了美國人勇於冒險的精神。

刹車／離合器主汽缸

前懸吊系統

前下叉

結構優勢

前後翼板、空氣動力學外殼（包括引擎罩）、懸架裝置，在不同的賽場時不一樣，能在多種賽道上行駛。

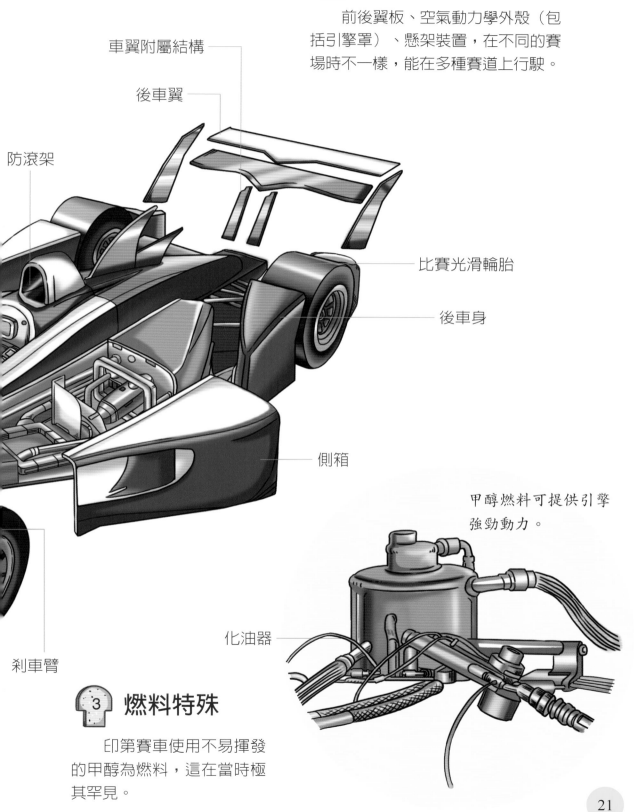

車翼附屬結構

後車翼

防滾架

比賽光滑輪胎

後車身

側箱

甲醇燃料可提供引擎強勁動力。

化油器

刹車臂

燃料特殊

印第賽車使用不易揮發的甲醇為燃料，這在當時極其罕見。

21

四輪驅動

該賽車採用四輪驅動，即動力可以同時傳到4顆車輪上，每個輪子可單獨驅動，因此，可以適應賽程上的各種路況。

 ## 後避震支架

該款專門安裝減少震動的後避震支架，以便在顛簸路上行駛時，提高駕駛的舒適感，這在當時的汽車製造業中處於領先地位。

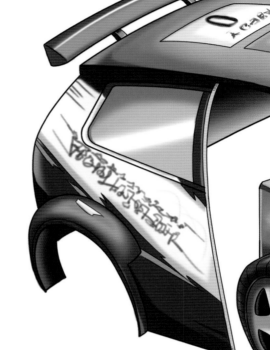

後避震器

後避震支架

後驅動

安全籠

後照鏡

車門

 ## 安全籠

採用金屬材質將整個駕駛室圍住，看上去就像個籠子，可以保護駕駛，故稱為安全籠，是最明顯的特徵之一。

 ## 賽場佼佼者

首次在二十世紀八〇年代獲得英國公路拉力賽冠軍後，賽利卡汽車又在1990年和1992年的世界拉力錦標賽中贏得冠軍。

拉力賽車

拉力賽是最考驗汽車性能和賽車手技術的比賽之一，也是最困難最艱苦的比賽。不僅要翻越各種山丘，路途顛簸，還要橫穿沙漠以及冰雪之路。在眾多拉力賽車的生產商中，較為成功的是日本豐田公司生產的賽利卡汽車（Celica）。

5 更換賽車零件快捷

賽利卡汽車更換零件非常方便，尤其是在專業豐田維修小組的操作下，幾分鐘就能完成其他機械師幾小時才能完成的替換任務。

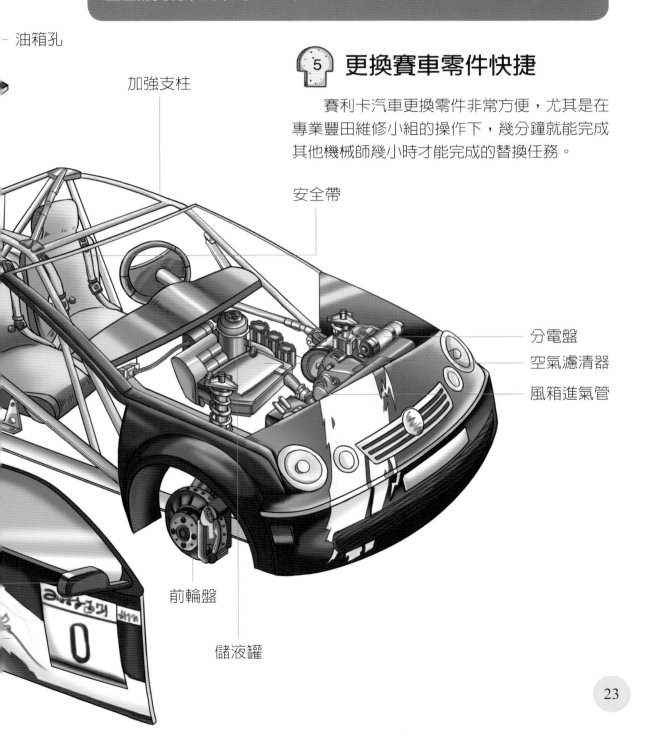

油箱孔

加強支柱

安全帶

分電盤

空氣濾清器

風箱進氣管

前輪盤

儲液罐

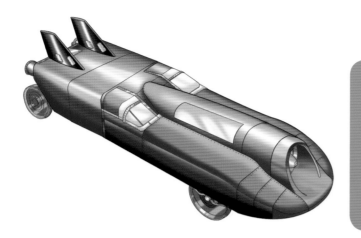

衝擊者二號

衝擊者二號行駛速度可達1287公里／時，如此高的速度，沒有高超的駕駛技術根本不可能控制得了它。1983年，英國人理查・諾博曾駕駛它，創下了驚人的陸面新紀錄1019.467公里／時。

 1 狹長光滑

　　衝擊者二號為流線型，非常狹長，外殼打磨得光滑透亮，可減少風阻，容易在空氣中穿梭，尾部搭配穩定翼，整體看起來就像一架小型飛機。

駕駛員座艙

 **2 盤式制動器
（剎車系統）**

　　對於速度過快的汽車，剎車性能的好壞顯得更加重要。該車安裝了盤式制動器，即摩擦配件從兩側夾緊制動盤，並產生制動，反應速度及穩定性非常強，這一技術在當時處於領先地位。

噴氣式引擎

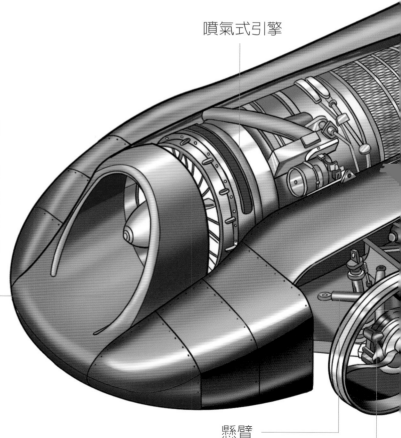

進氣口

懸臂

雙卡鉗剎車盤

4　駕駛員需戴上面罩

高速行駛時，駕駛需戴上面罩呼
以免呼吸不暢，發生意外。

5　噴氣式引擎

衝擊者二號的速度如此驚人，核心技術
源自於超強動力的引擎——勞斯萊斯‧埃文
噴氣式引擎。它燃燒燃料的速度約為4.4升
／秒，車子啟動時，尾部還會噴出火焰，並
發出強烈的呼嘯聲。

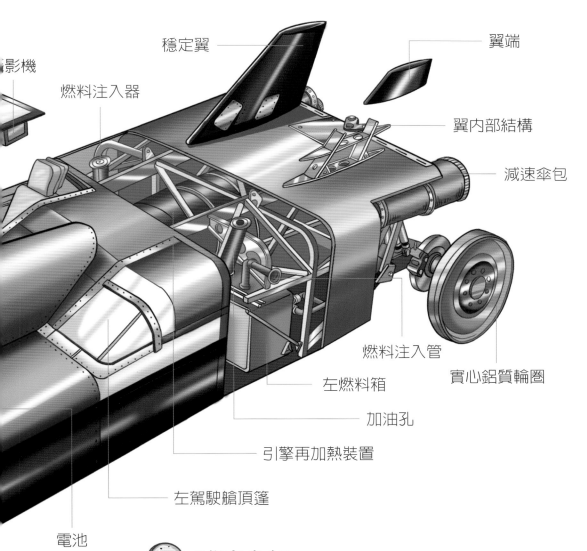

穩定翼　　　　　　　　　　　翼端

影機

燃料注入器　　　　　　　　　　翼內部結構

　　　　　　　　　　　　　　　減速傘包

　　　　　　　　　　　　　燃料注入管

　　　　　　　　　　左燃料箱　　　實心鋁質輪圈

　　　　　　　　　　　加油孔

　　　　　　　　引擎再加熱裝置

　　　　　　左駕駛艙頂篷

電池

震器

3　減速傘包

衝擊者二號在剎車之前，需要先多次減速。減速傘包
是它的減速利器，也是設計的一大亮點。一般來說，釋放
一個大減速傘，車速可以從960公里／時，降為600公里／
時，再釋放3個小減速傘，又可以從600公里／時降到200
公里／時。

威利斯吉普

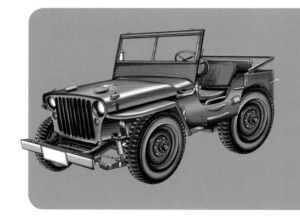

第二次世界大戰中期，美軍醞釀使用汽車裝備軍隊。這款由威利斯公司設計製造的，速度快、材質輕、便於運輸、多用途的越野車一舉奪冠，是美國大兵引以為榮的JEEP（吉普），它在戰爭中發揮了巨大的功效。二次大戰結束時，產量已超過60萬輛，更成為這一時代美國軍隊的形象。

 1 多種用途

該車底盤很高，能適應多種地形，安裝機槍時是戰車，裝上電臺時是偵察通訊車，架上擔架時是救護車，當將軍的座騎時是指揮車。在必要時裝上四顆鐵輪，還可當火車頭。

該車能在極其複雜的路況暢行無阻。

前保險桿

前格柵

車燈

 2 性能卓越

裝有大馬力的4缸汽油引擎，載重1250公斤。結構堅固，性能齊全，可四輪驅動，攀越坡度60°的陡坡，涉越小河，在公路上時最高時速可達105公里。

4 越野的先驅

　　從1941年至今，世界各地的汽車製造商紛紛效仿威利斯吉普車，如路虎、豐田、三菱，他們在威利斯吉普車上汲取許多靈感研發自家越野車，如今Jeep一直是越野車的代名詞。

備用輪胎

可折式疊風擋

可折疊頂篷支架

可折疊後座

引擎罩

後輪槽

後輪安裝盤

輪軸承

驅動軸

前避震器

3 機動靈活且超簡單

　　該車車身矮小、轉彎靈活，能快速掉頭、轉向，躲避敵方攻擊。整體結構非常簡單，幾乎沒有與駕駛無關的零件。軍用吉普車沒有車門，只有一個圓弧狀的缺口，既方便上下車，又降低整體負重。

1 操控靈活

　　引擎位於車體中後部，車身重心非常穩定，轉彎能力極強，在當時其他賽車無法超越它的靈活，被稱為完美的跑車。

2 減小阻力

　　為減小阻力，這款車身設計非常低矮，僅有113公分，要進出駕駛艙需要很好的腰力。

引擎

鍍鋅鋼質車頂

後擾流板

尾燈

消音器

3 完美外形

　　最突出的特點是車身兩側有兩個很像鯊魚鰓的巨大開口，設計師在開口處加了五塊導流板，主要用於引擎散熱，這種設計在當時是前所未有的。

排氣管

進氣口

後懸吊系統

法拉利

法拉利特斯塔羅薩汽車是二十世紀末法拉利經典跑車的代表，當時這款車幾乎成為所有賽車遊戲的主角。「特斯塔羅薩」是義大利文中「紅髮」的意思，一方面是因為法拉利12缸賽車車頭塗成紅色而來，但是更多的說法則是形容它像一位紅髮義大利美女，大膽而奔放。

4 強勁動力

這款車採用的是12缸引擎，在5檔手動變速箱的配合下，從0加速到100公里／時僅需5.8秒。為容納相對龐大的引擎，整個車體十分寬大，這也是特色之一。

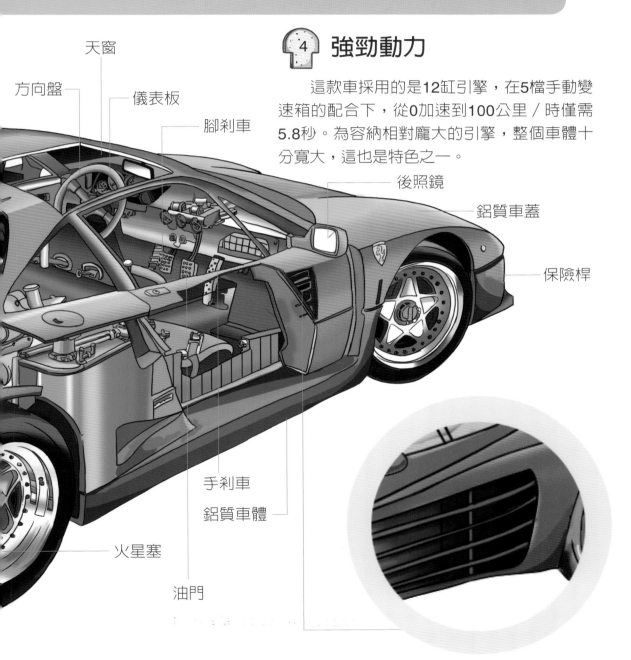

天窗

方向盤

儀表板

腳刹車

後照鏡

鋁質車蓋

保險桿

手刹車

鋁質車體

火星塞

油門

像鯊魚鰓一樣的車門，能夠讓車體快速散熱。

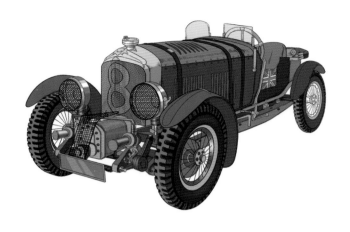

 1 外形像火車

早期的賓利看起來像一架火車，車頭大量採用網罩元素，占了車子的三分之二，大氣中蘊含軍工氣質。

賓 利

賓利是由沃爾特·賓利於1919年創建的汽車品牌，是最早使用增壓器的汽車之一。早期的賓利速度快、運動感強，自從1931年加盟勞斯萊斯後，轉為豪華轎車的一員，並在近百年的歷史長河中，不斷呈現出尊貴、典雅與精雕細琢的高品質功夫。

駕駛座

燃油箱注入孔

可折疊式頂蓬

油箱

手剎車

聯軸器

後差速器

底板

車門

前輪軸蓋

副輪

 2 引擎

第一次世界大戰期間，賓利公司以生產航空引擎而聞名。戰後開始生產汽車。早期賓利的引擎位於車頭，體積較大。1921年，賓利設計出引擎功率為85馬力，車速高達128公里的3升車款，這是當時速度最快的量產型汽車。

 3 增壓器

渦輪增壓器是利用提高引擎進氣量，來增加引擎動力的裝置，在二十世紀二〇年代還是很新穎的概念，而早期賓利汽車的引擎就已安裝了渦輪增壓器。

4 # 可折疊式頂篷

早期的賓利頂篷採用可折疊的方式，根據需求折疊或撐起，是設計的亮點之一。

 5 # 散熱器加水口

早期採用裸露的散熱器加水口，加水方便，但是，灰塵雜質容易飛入，造成堵塞。

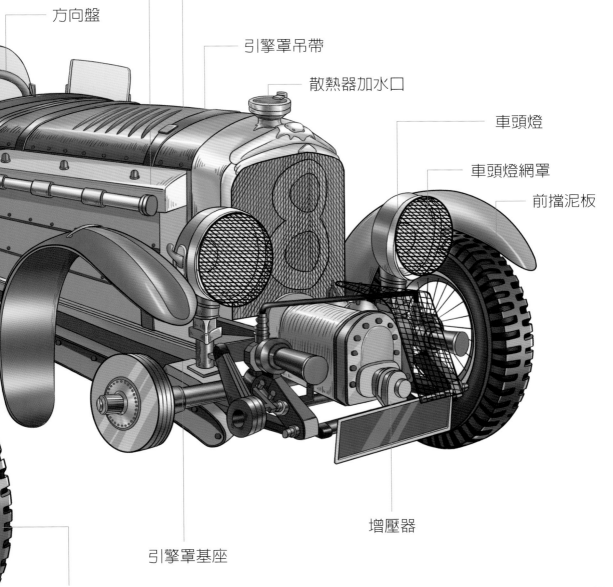

擋風玻璃

方向盤

引擎

引擎罩

引擎罩吊帶

散熱器加水口

車頭燈

車頭燈網罩

前擋泥板

增壓器

引擎罩基座

輪胎

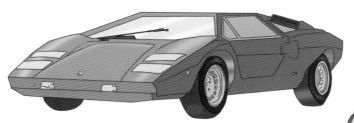

藍寶堅尼跑車車身普遍低矮，輪廓、線條棱角分明，外形酷炫，極具攻擊性和動感。

2 中置引擎

藍寶堅尼在1968年推出的Miura P400跑車，採用中置引擎，開創了藍寶堅尼中置引擎設計的先河，也是當時汽車業中獨特的配置方式。

引擎

天窗

火星塞

進氣口

尾燈

3 出色的引擎

藍寶堅尼一直以來致力於研製超級跑車，因此，非常注重引擎的性能。首輛車型便搭載了最大功率可達280馬力的V12引擎，動力強勁，超越了當時眾多跑車品牌。

排氣管

後懸吊系統

輪胎

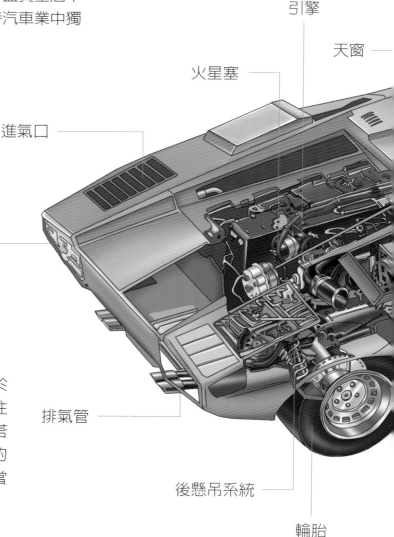

藍寶堅尼

藍寶堅尼是全球頂級跑車品牌之一，1963年由義大利人費魯吉歐·藍寶堅尼創立，第一款跑車也是在這一年研製成功。它的出現對同級別的法拉利車型造成了一定程度的衝擊，成為超級跑車的強勁對手。隨後，藍寶堅尼陸續推出了許多款經典車款，備受世人的關注和喜愛。遺憾的是，藍寶堅尼公司曾因營運不善，經營權數度易手，現為福斯集團旗下品牌之一。

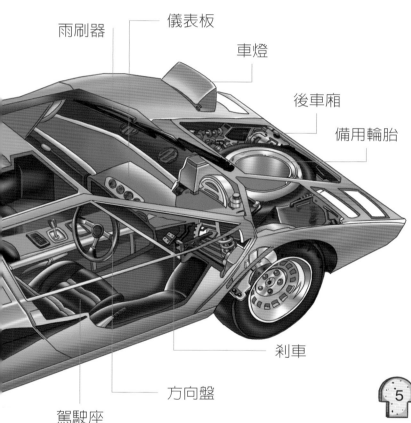

雨刷器　　　　　儀表板

車燈

後車廂

備用輪胎

刹車

方向盤

駕駛座

 ⑤ 車門獨特

車門採用獨特的剪刀門，與整部車子的融合度更高，而且更具時尚感和安全感。

④ 底盤穩定性強

底盤採用金屬和碳纖維材質，並用不鏽鋼固件連接，耐腐蝕，穩定度強。

 ## 第一款引擎前置的運動車

保時捷最明顯的特徵就是引擎前置，變速箱和驅動後置，這樣的配置在跑車中是第一例。

加油孔

車門

後照鏡

後驅系統

輪圈

輪胎

馬力小、排量小

排量很小，是跑車中最省油的車型，馬力也只有125匹，是跑車中馬力最低的。

保時捷 924

自1930年創建以來，保時捷研製出多款著名的經典跑車，成為了德國汽車界四大金剛（其他三個為賓士、寶馬、福斯）之一。世界石油危機之後，1975年推出一款保時捷924，以小排量、短小精悍的造型贏得了當時較為龐大的市場，堪稱傳奇。

 高超彎道利器

該款的前後軸重量分布比例為48：52，使得保時捷924成為當時獨一無二的高超彎道利器。

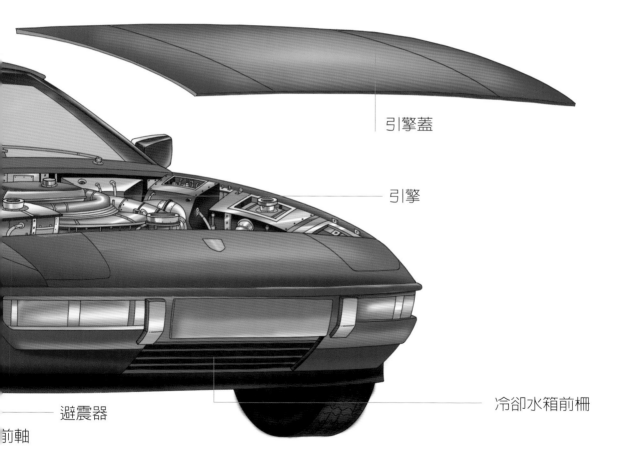

引擎蓋

引擎

冷卻水箱前柵

避震器

前軸

 採用主流懸吊設計

採用當時流行的前麥弗遜後半拖曳臂式結構的全獨立式懸吊系統，結構緊湊簡單，運作效率卻非常高。

賓士 300SL

二十世紀五○年代，賓士300SL鷗翼車款橫空出世，開始寫下跑車的傳奇。在1952年度的主要汽車賽事中，300SL橫掃賽場，包攬了賽事的冠亞軍頭銜，出色的表現令人驚異，這款賽車在當時堪稱經典。

 外形驚豔

為了使空氣阻力減到最低，300SL外觀設計為幾乎沒有絲毫裝飾的流線造型，車身圓渾低矮，比例完美，直到今天仍不失新鮮感和吸引力。

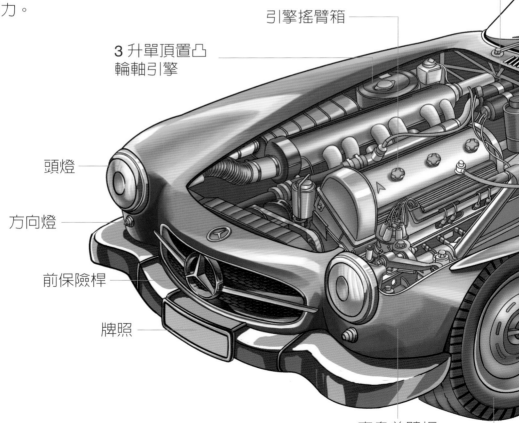

向上開啟的車門

制動液儲液罐

點火線圈

引擎搖臂箱

3升單頂置凸輪軸引擎

頭燈

方向燈

前保險桿

牌照

車身前壁板

前輪胎

2 歐翼車門引人注目

　　外形簡潔流暢又不失高貴華
麗。尤其車門開啓時，猶如展翅的
每鷗一般，引人矚目。這種向上開
啓的車門被稱為鷗翼車門，賓士
300SL是最早使用鷗翼車門的鼻祖。

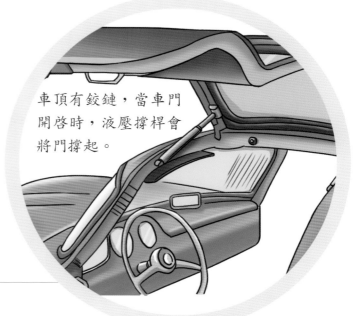

車頂有鉸鏈，當車門
開啓時，液壓撐桿會
將門撐起。

———— 歐翼車門 ————

———— 雨刷

———— 方向盤

———— 駕駛座
———— 內擋泥板

———— 後刹車鼓

———— 輪胎

機油儲油罐

3 電噴系統

　　由直接噴射燃油系統取代了傳統的化油器——遠遠領
先於那個時代的其他車款。該項技術足以讓300SL在10秒
鐘內就從靜止狀態加速到100公里／時，最高速度可達260
公里／時，300SL是世上第一款量產直噴車。

凱迪拉克

第一輛凱迪拉克誕生於1902年
美國汽車之城底特律，它的出現揭
了世界豪華汽車的序幕。一百年來
它一直是美國最豪華汽車的標誌。
迪拉克有無數獨特的設計，最具代
性的車款就是1957年生產之Deville
系中的Sedan和Coupe。

1 豪華高貴

車長達6公尺，流線型尾翼誇張大
氣、保險桿和散熱格柵閃閃發光、閃光燈
造型時髦等，每一處細節都彰顯出豪華與
尊貴。

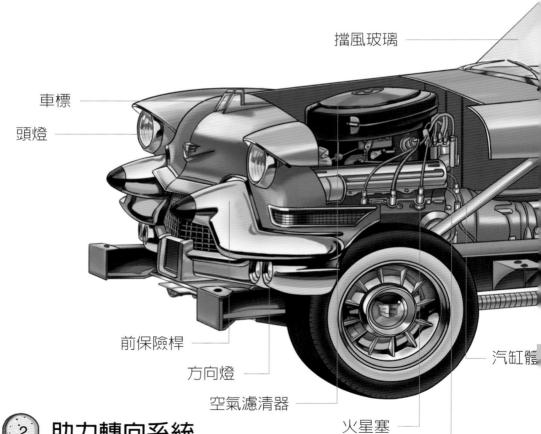

後照鏡

擋風玻璃

車標

頭燈

前保險桿

方向燈

空氣濾清器

火星塞

分電盤

汽缸體

2 助力轉向系統

Sedan配備了助力轉向系統，駕駛起
來更輕鬆、更省力。

6 時尚的尾翼

　　參考飛機的造型，凱迪拉克的後部安裝了兩個延展的尾翼，時尚好看，深受年輕人的喜歡。

 ## 5 座墊要求高

　　凱迪拉克的座墊非常柔軟舒適，是它明顯的特徵之一。所有座墊在正式配用之前每一處都要用貂皮仔細擦拭，如果貂皮被刮破，那麼會被認定為不合格。

 ## 4 大又深的後車廂

　　凱迪拉克的後車廂大又深，與其他汽車相比，不僅容量大很多，而且取放沉重的行李時也很方便。

方向盤

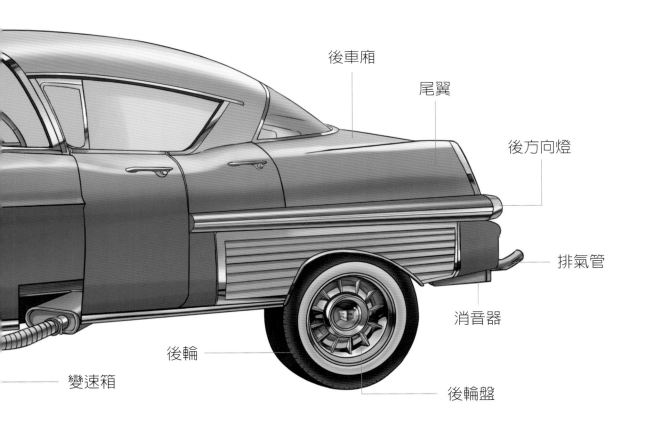

後車廂

尾翼

後方向燈

排氣管

消音器

後輪

後輪盤

變速箱

 ## 3 先進的燈光安全系統

　　凱迪拉克在儀表板的上部設計了一個光感測器，夜間時可檢測對面的車流量，一旦對面來車靠近，還會自動降低頭燈亮度，在當時這項技術處於領先地位。

 ## 經典外形

MINI品牌時尚的造型，就像是場時裝秀。精簡、飽滿的線條和現代化的設計，兼具古典氣息，對愛車族充滿誘惑力。

 ## 舒適空間

它採用前橫置小排量引擎，雖然車很小，但車廂卻不窄，容納了4張合適的座椅。

後照鏡

方向盤

雨刷器

車標

頭燈罩

頭燈玻璃

方向燈

前保險桿格柵

前保險桿

盤式制動器

前輪輪胎

此車雖然小，但後車廂可以放下一家三口的行李。

賽場精靈

從1962年起，MINI不斷參加各種汽車比賽，曾獲得多次冠軍，例如1962年荷蘭拉力賽冠軍，在蒙特卡洛汽車賽中三次奪魁，以及1979年英國Saloun冠軍賽冠軍，在無數次環形車賽中獲勝，賽車手認為該車具有令人難以置信的良好操縱性，以及路面附著力。

MINI Cooper

五○年代末期，由於中東戰爭、石油危機，小型省油轎車應運而生。1959年英國公司推出的迷你（MINI）轎車，在汽車行業中掀起巨大迴響，它的卓越性能獲得了許多人的青睞，成為不分等級的私人用車。

車頂篷

駕駛座

副駕駛座

後車窗

方向燈

後倒車燈

後擋板

前門扶手

前車窗

車門

前輪盤蓋

前輪

4 時尚先鋒

MINI在電視影集與電影的曝光率不亞於任何一位大明星，幾乎每一代車款都出演過賣座影片，絕對是影壇「長青樹」。其中最為人熟知的，當屬英國影集《豆豆先生》與電影《偷天換日》。

 1 驅動輪為前輪

是世界上第一款前輪驅動
轎車，是前輪驅動轎車的鼻
祖，因此，它被命名為「先驅
者」。

 2 車廂寬敞

由於引擎在前方，後車廂就很
寬敞，是一大亮點。因此，經常會
看到，一家四口乘坐雪鐵龍，後車
廂有好幾件大行李箱和寵物，奔馳
在馬路上的情景。

後排座椅 ——

後窗 ——

備用輪胎 ——

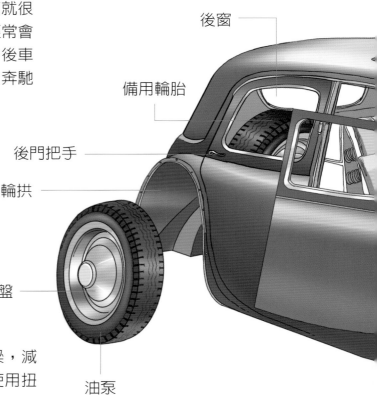

後門把手 ——

輪拱 ——

 3 避震系統

該車的避震系統採用扭力梁，減
輕震動的效果更明顯，是最早使用扭
力梁的汽車之一。

輪盤 ——

油泵 ——

前車門鎖 ——

 3 排氣裝置的閥門位置獨特

引擎的氣缸有兩個氣門，進氣門控制空氣的混合氣體進入汽缸，
排氣門控制燃燒後的廢氣的排出，當時絕大部分的車款，閥門都安裝
在側面，而先驅者卻安裝在引擎頂部，新穎獨特。

雪鐵龍

雪鐵龍是由法國汽車製造商安德列·雪鐵龍於1919年創立的汽車品牌，在這一年裡，最早的雪鐵龍A型車開始生產，產量達2810輛。到了二十世紀三〇年代初期，安德列致力於製造出性能優異、外形小巧的汽車。1933年左右成功研製出先驅者A系列7CV車款，價格便宜、外形亮麗，很快就受到世界各國的喜愛，直到現在，還可以在公路上看到它們的身影。

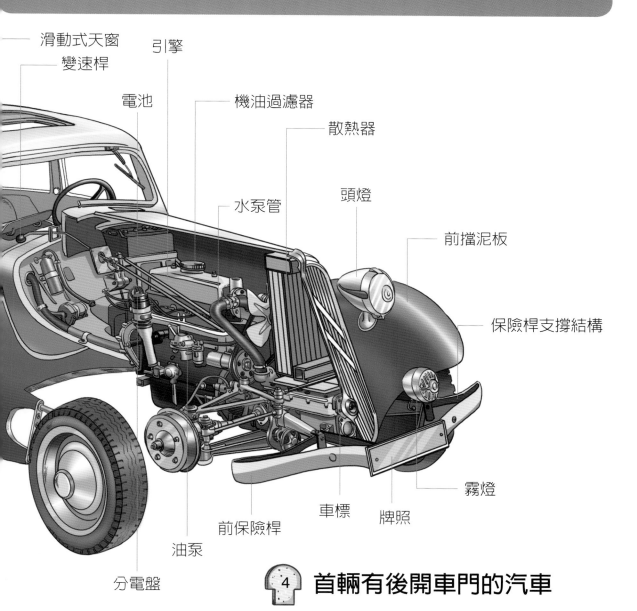

滑動式天窗
變速桿
引擎
電池
機油過濾器
散熱器
水泵管
頭燈
前擋泥板
保險桿支撐結構
霧燈
車標
牌照
前保險桿
油泵
分電盤

4 首輛有後開車門的汽車

汽車後面設置了可開啟的後車門，方便放置行李，此設計是先驅者的另一亮點，它是全世界第一輛有後開門的車款。

金龜車

金龜車的正式名稱為福斯1型，誕生於1936年，因形狀跟金龜子相似，故被稱為「金龜車」。它的體型很小，卻能乘載下4~5個人，在1939年~1945年僅供軍用，1945年後開始製造給一般人，一直生產到2003年，受到世界各地的喜愛。

 1 造型新穎

整體造型像金龜子，車頭車尾圓潤，線條飽滿，新穎獨特，一出廠就備受矚目。

 2 車廂高

雖然體型嬌小，但是空間卻充裕，這是因為車廂較高，提供乘客更多垂直空間。

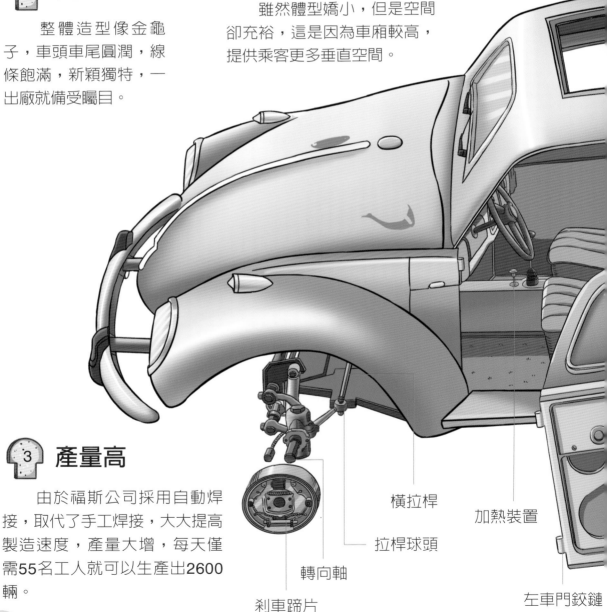

橫拉桿

加熱裝置

拉桿球頭

轉向軸

刹車蹄片

左車門鉸鏈

 3 產量高

由於福斯公司採用自動焊接，取代了手工焊接，大大提高製造速度，產量大增，每天僅需55名工人就可以生產出2600輛。

較早使用同步變速器

1952年，部分金龜車就已經開始用同步變速器裝置，取代當時常見的輪裝置，可降低換檔時引擎引起的震、衝擊，到1961年，幾乎所有的金龜都改用同步變速器，是最早使用同步速器的汽車之一。

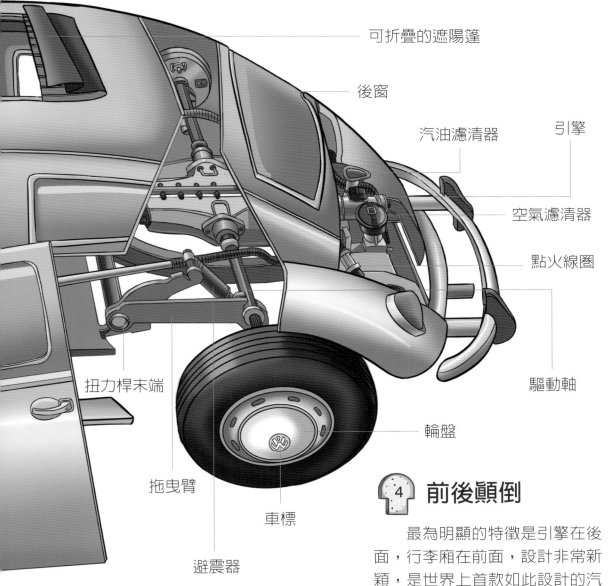

可折疊的遮陽篷

後窗

汽油濾清器

引擎

空氣濾清器

點火線圈

驅動軸

扭力桿末端

輪盤

拖曳臂

車標

避震器

4 前後顛倒

最為明顯的特徵是引擎在後面，行李廂在前面，設計非常新穎，是世界上首款如此設計的汽車。

 外形新穎時尚

FCX Clarity採用低底盤平臺設計，整體看起來非常動感穩重，造型時尚新穎。

 未來派裝飾風格

車內裝飾設計融合了透明塑膠和真皮、真木，再加上貝殼似的座椅、會藉由燈光顯示車內溫度變化的互動式地板等，魅惑力十足。

引擎蓋

引擎

前燈

燃料電池組

本田 FCX

本田FCX是本田汽車公司、也是全世界最具代表的氫燃料電動汽車。第一代產品是全球首款可以上路行駛的燃料電池車，對汽車未來的發展具有重要的意義。1999年第一代產品上市，2006年，新FCX概念車發布，兩年後第二代產品FCX Clarity也正式量產。

 ## 超酷炫的高科技設備

　　該車安裝了許多酷炫的高科技設備，如根據路況調節車速的感應調節儀表板、自動辨別駕駛的系統等等。

 ## 獨創的燃料電池

　　FCX Clarity的技術核心採用本田獨創的燃料電池「V Flow FC Stack」，即氫氣和空氣垂直流動的蓄電池，還採用氫氣和空氣波狀流動的「波狀隔板」，技術非常先進。

電路系統

車門

後照鏡

輪胎

氫氣罐

避震器

電池組

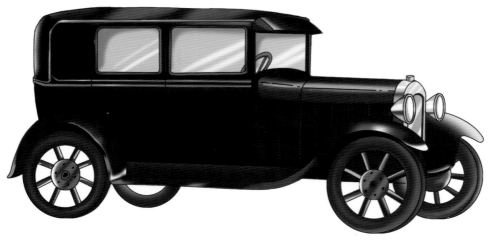

福特 T 型車

福特T型車誕生於1908年，由美國亨利·福特創辦的福特汽車公司設計製造，因形狀像T而得名。價格低廉，一般家庭也能負擔得起。從第一輛T型車出世到停產，共銷售了一千五百多萬輛，在汽車產業的發展上有巨大貢獻。在二十世紀世界最有影響力汽車的國際投票中，福特T型車榮登榜首。

引擎

引擎蓋

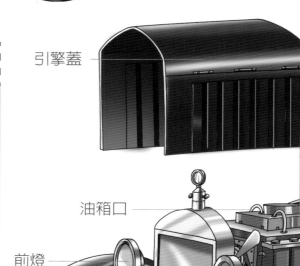

油箱口

前燈

化油器

前軸

 車型經典

該車多為黑色，整體呈T型，車窗為規矩的長方形，車身線條不圓潤，是汽車發展初期的經典車款，在許多好萊塢電影中都能看到它的身影。

  獨特的車輪

早期的福特T型車的車輪採用木制的「炮車輪」，1926～1927年間改為鋼質焊接輻條，輪胎則為直徑30英寸的充氣輪胎，在當時非常獨特先進。

駛方式堪稱藝術

　　該車的操控方式和現代汽車有
大的區別，它沒有離合器踏板，
是由駕駛艙底的3個踏板換檔。中
的踏板是倒車，兩旁的踏板分別
高速檔和低速檔，油門則是從方
盤後的一個柄來控制。

最先採用流水生產線製造

　　福特T型車是首輛採用流水生產線，大規
模作業代替傳統手工製作的汽車，引領汽車製
造業步入新的時代。

車頂蓋

方向盤

車門

輪胎

迎賓踏板

輪輻

可使用乙醇作燃料

　　為了滿足美國農民使用需求，該車配
備了改進型化油器，可以使用乙醇作為燃
料，大大節省耗油開支。

露營車

露營車，是一種可以移動、具有居家必備基本設施的車款。第一次世界大戰末，熱愛露營的美國人喜歡把帳篷、床、廚房設備等安裝到家用轎車上。到1930年，安裝了床、廚房、水電系統的露營車正式出現，很快獲得旅行者的青睞。

衛浴區

洗漱區

 車身分兩節

　　體型比轎車龐大，主要分為前後兩節，前一節為駕駛室，後一節車廂設置了各種功能區。

 儲物量大

　　空間利用率很高，車廂壁、車頂，安裝了各種儲物櫃，駕駛室的上方甚至可以放床。

出口

儲物箱

冰箱

 生活設備一應俱全

　　車廂內洗漱設施、餐桌、餐椅、床、冰箱等生活設施一應俱全，生活起居非常便利。

5 供水系統

最大的亮點就是供水系統，安裝了清水箱以及自動加壓供水水泵，當然，也可以外接水源，把水導入車內的供水系統。此外，還設有汙水箱，用來裝廢水。廢水和乾淨用水的容量都有水表可以即時監控，方便及時清理。

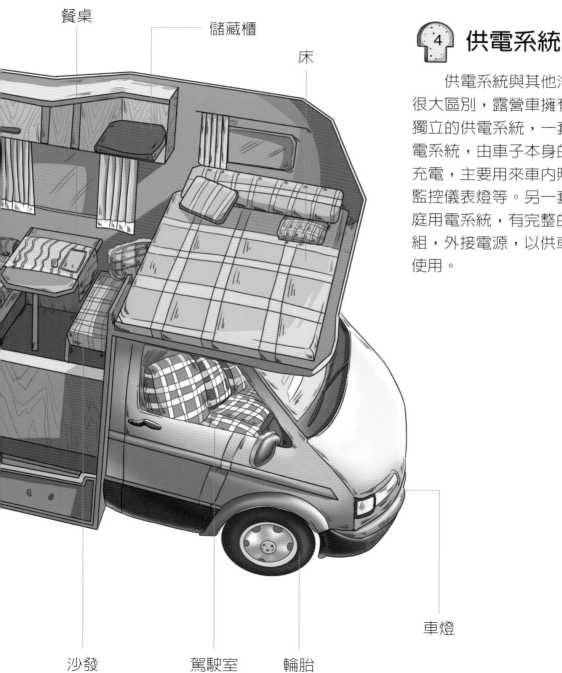

餐桌

儲藏櫃

床

4 供電系統

供電系統與其他汽車有很大區別，露營車擁有兩套獨立的供電系統，一套是車電系統，由車子本身的引擎充電，主要用來車內照明、監控儀表燈等。另一套是家庭用電系統，有完整的配線組，外接電源，以供車廂內使用。

車燈

沙發　　　駕駛室　　　輪胎

救護車

當有人遇到意外事故或急性病症時，撥打急救電話後，救護車會鳴笛呼嘯而來，在最短的時間救助傷患。救護車像一棟微型醫院，急救藥品和急救設備齊全。車上還有專業的救護員，他們簡單處理病情後，救護車會將傷患迅速送往最近的醫院。

1 車廂

救護車的車廂非常寬大，像一間小型手術室，可以容納一副擔架和2～3名救護員。

2 後門

救護車的後門可以折疊，能靈活開啟而不占空間，確保擔架方便進出。

3 擔架

由輕質鋁合金製成，下方還有可折疊支架和輪子，使患者能平穩送入救護車內。

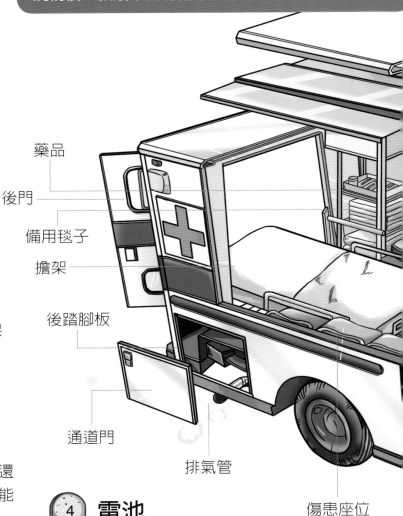

藥品

後門

備用毯子

擔架

後踏腳板

通道門

排氣管

傷患座位

通道門

4 電池

車上有專用電池，提供醫療設備電力和車內照明。

5 警示燈

駕駛室上方有警示燈，在執行任務時，會開啟閃爍裝置並鳴笛，提醒其他車輛讓行。

車身頂蓋

除顫器

攜帶式防毒面罩

呼吸機

為危重患者提供
所需氧氣。

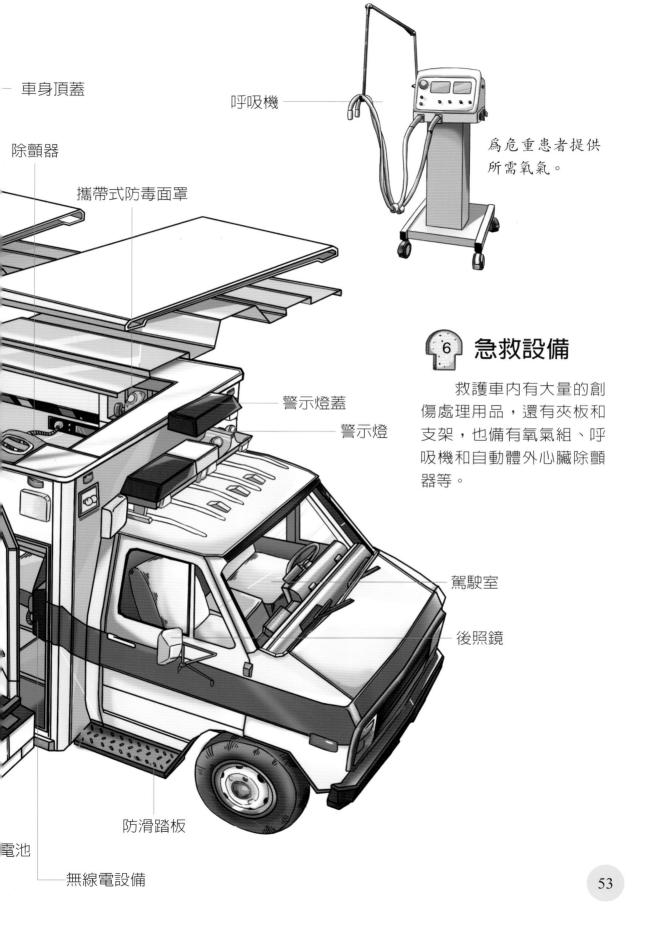

6 急救設備

　　救護車內有大量的創
傷處理用品，還有夾板和
支架，也備有氧氣組、呼
吸機和自動體外心臟除顫
器等。

警示燈蓋

警示燈

駕駛室

後照鏡

防滑踏板

電池

無線電設備

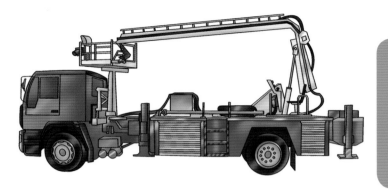

消防車

消防車又叫救火車，主要是執行滅火、救援的特殊車輛，車上有多種救災滅火工具。一些特種消防車還有登高平臺、雲梯等設備和專用滅火泡沫液等。

1 設有伸縮式雲梯

該車最顯著的特徵就是伸縮式雲梯，方便在高層建築火災時執行任務，或救援被困人員。雲梯安裝在底盤支架上，底盤的位置可根據不同的情況更換，應對各種火災現場。

消防工作臺

2 吊臂操作

轉檯上的消防員在吊臂控制臺操作，並使用對講機與防護籠保持聯繫，彼此配合，將吊臂調整到最佳的滅火位置。

高音喇叭
警示燈

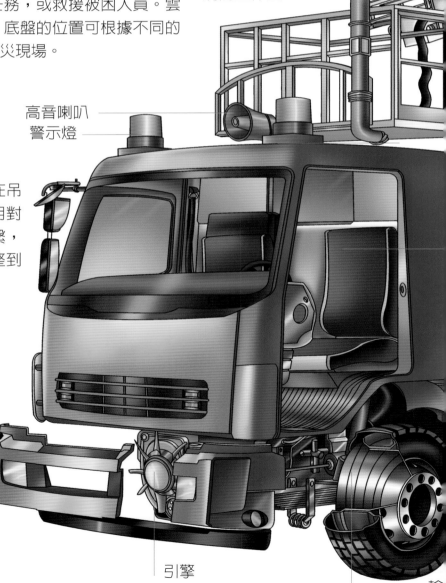

引擎

輪

3 4 根支撐腳架保持穩定

　　吊臂上升時，消防車依靠支撐腳架保持車身的穩定。每根支架可以單獨調節，因此，即使在崎嶇不平的路面，消防車也能非常穩定。

 ### 4 防護籠

　　防護籠可以乘坐一名或多名消防員，消防員操控控制臺，使籠子盡可能靠近火場，近距離救火。

5 不鏽鋼水管

　　該車採用耐高溫的不鏽鋼水管。正常情況下，水管沿著吊臂進入防護籠，在防護籠內的消防員的控制下，在火災現場開始滅火，執行任務。

6 強大的液壓系統

　　強大的液壓系統可以提供動力，調節防護籠的升降。正常情況下，防護籠可以升到高達33公尺處。

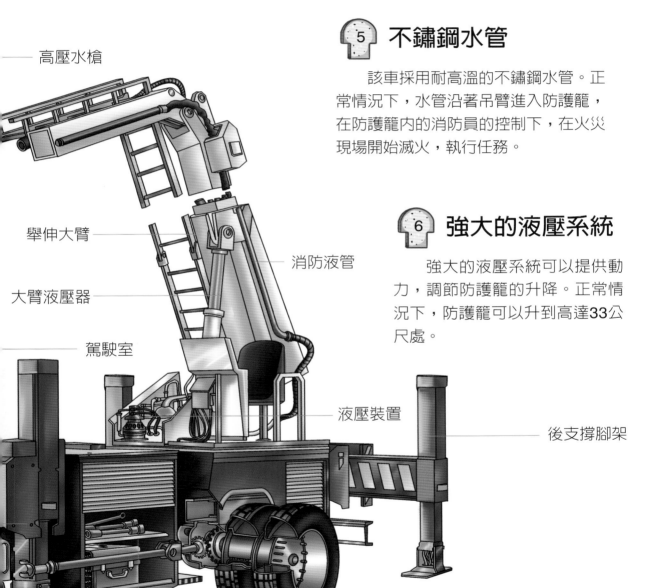

高壓水槍

舉伸大臂

大臂液壓器

駕駛室

消防液管

液壓裝置

後支撐腳架

輪胎

配件箱

前支撐腳架

警　車

為保護人民的安全，員警總是站在第一線與犯罪分子對抗的。為了迅速趕到犯罪現場抓捕罪犯，警車就是最好的辦案工具。警車屬於特殊車輛，安裝了很多警用設備。

 ## 警示燈、警笛

在執行緊急任務時，可開啓警示燈，打開警笛，示意其他車輛避讓，同時刺耳的警笛也能威嚇罪犯。

 ## 槍械和手銬

員警執行任務時會隨身攜帶一把尺寸較小的警用手槍和一副手銬。

警示燈

車頂柱

擋風玻璃

筆記型電腦

空氣濾清器

V8 引擎

風扇

前保險桿

引擎蓋

安全網

車廂前後座之間有安全網，防止犯罪分子騷擾或襲擊司機。有時警犬出任務時，也會安置在後座。

5 蒐證錄影監視設備

車頂有蒐證錄影監視設備,記錄犯罪現場的情況,回到警局再進行分析或確認。

蒐集影像資料、
記錄犯罪事實。

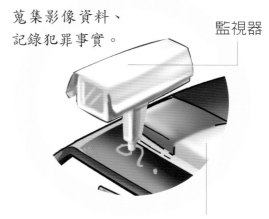

監視器

警示燈

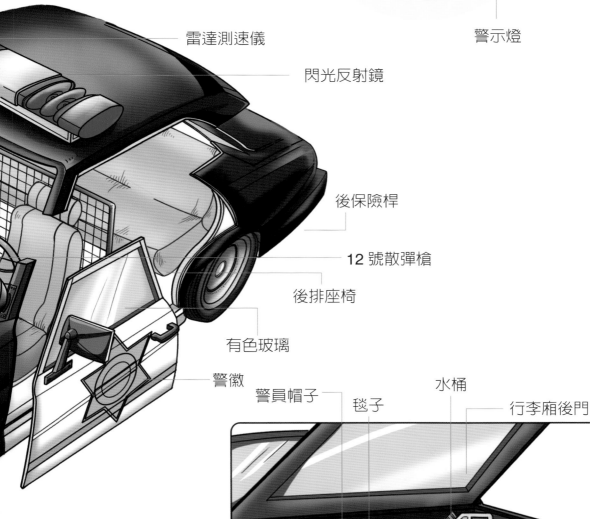

雷達測速儀

閃光反射鏡

後保險桿

12 號散彈槍

後排座椅

有色玻璃

警徽

警員帽子

毯子

水桶

行李廂後門

4 攝影設備

警車上備有照相機、電。以在犯罪現場拍照、記,並及時將相關資料傳回局。

催淚設備

防毒面具

捆綁嫌犯
用皮帶

在高速公路上，常常可以
到員警機動支援小組開著閃爍
藍燈的巡邏車，疏通擁堵路段
處理交通事故。這種高速公路
邏車引擎強大，可以在惡劣的
氣下巡邏，確保高速公路的
全。

① 各種警示急救工具

後備箱有應對突發
事故的工具，如滅火
器、三角錐、警用意外
事故標記、急救箱、鏟
子等。

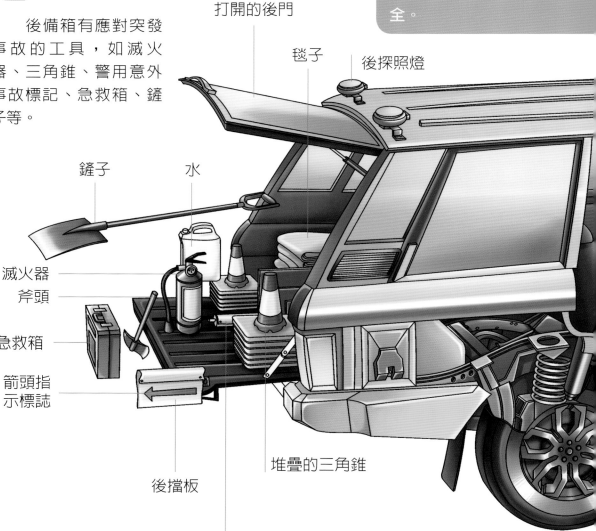

打開的後門

毯子

後探照燈

鏟子

水

滅火器

斧頭

急救箱

箭頭指
示標誌

後擋板

堆疊的三角錐

警用意外事故標記

 ② 安全性高

巡邏車比較突出的特徵是，車身兩
的門有不同顏色的反光標誌，白天和夜
均清晰可見，安全性非常高。

特殊警用設備

駕駛室裡配備了特殊的警用設備，如警用電臺、測量其他車輛速度的精密測速儀等。

 易被直升機識別

巡邏車車頂四角各安裝了一個探照燈，中間還有橫向的警示燈，有利於巡邏車發生意外時能讓直升機輕易識別和找到。

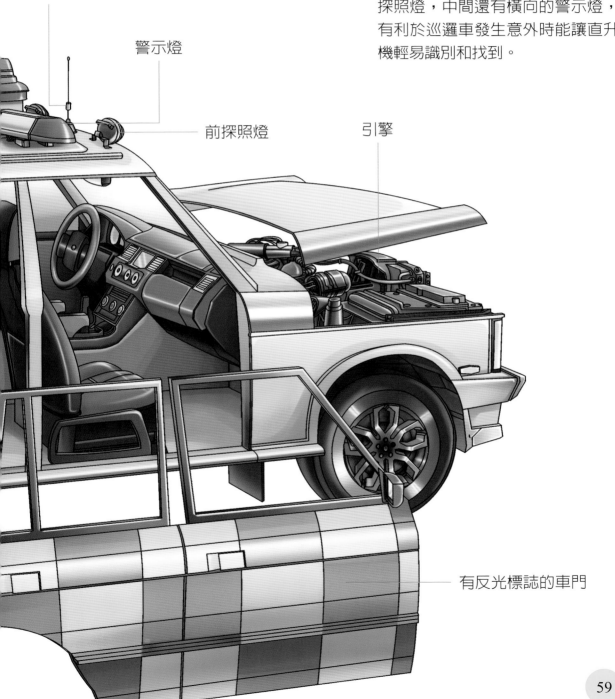

燈

天線

警示燈

前探照燈

引擎

有反光標誌的車門

公共汽車

公共汽車又叫公車或大客車，主要用於人們在都市和郊區的短途運輸。最早的公車出現於十九世紀二○年代的巴黎，隨後倫敦也開通了4輛公車，很快就普及各區。如今，公車是每個地區必備的交通工具，到處都可以看到它的身影。

乘客

空調

引擎

後折疊門

油箱

1 站位面積大

公車最大的特點是，左右兩邊的座位中間，通道非常寬，可以供乘客站立。

有拉環設備

在站位通道上安裝兩根橫桿，橫桿上安裝了多個拉環，以便站立的乘客保持平衡。

 兩個車門

公車有前後兩個車門，方便讓乘客上下車。

 付費裝置

在駕駛座旁邊有投幣箱或刷卡機，上車的乘客投入硬幣或刷卡即可。

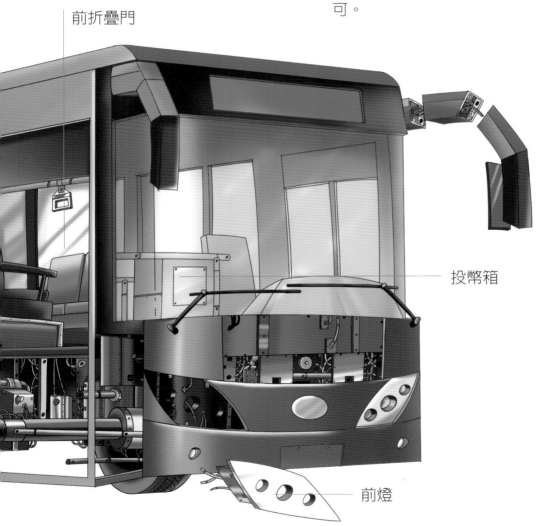

前折疊門

投幣箱

前燈

輪胎

麵包車

麵包車是一種專門載客的廂型車。福斯T1是福斯汽車歷史上，繼龜車後的第二款車型，於1950年生，至今仍持續生產，是福斯汽車史上的經典車款。

引擎

引擎蓋

輪

輪

 1 造型可愛

　　車身線條圓圓胖胖的，前臉也胖胖的，V字形區域鑲嵌著碩大的W標誌，再加上圓圓的前大燈，造型可愛、新穎獨特，識別度也高。

2 大量使用金屬加工

由於在當時金屬加工的花費比塑膠低多，所以大量使用金屬，就連儀表板都由金屬製作而成。

3 獨立的懸吊系統

該車採用四輪獨立懸吊系統，即左、右車輪沒有連在一根軸上，而是各自透過懸吊與車身連接，大大提高車子的舒適性，這項技術在當時非常先進。

車頂蓋

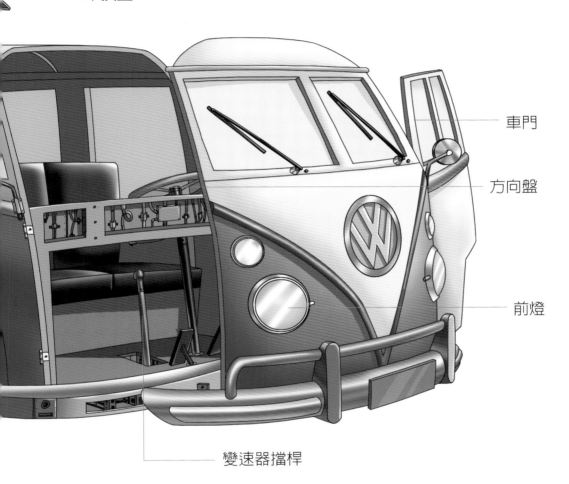

車門

方向盤

前燈

變速器擋桿

4 迷你巴士

又稱迷你巴士，是因為總共只有7~9個座位，尺寸也比一般的巴士小許多。

5 增加減速齒輪箱

該款在兩支傳動軸最外側和輪圈相接處，各增加一個減速齒輪箱，能更有效的控制車速。

一共有4個液壓支撐腳架，
液壓泵產生的液壓油，供給液
腿工作缸，促使支腿伸縮。4支
立伸出或縮回，所以即使是在
的地面，也能把車體調整到水
態，安全作業。

高空作業車

　　高空作業車是一種運送工作人員和
器材到現場並進行空中作業的專用車
輛，主要由支腿裝置、舉升裝置、迴轉
裝置、作業平臺及其調平裝置等組成。
根據舉升裝置的形式，高空作業車可分
為四種：伸縮臂式、曲臂式、垂直升降
式和混合式，圖中所示為伸縮臂式高空
作業車。

回轉裝置

大臂液壓器

後支撐腳架

前支撐腳架

液壓油箱

前軸

2 全迴轉式迴轉裝置

　　採用全迴轉式迴轉裝置，可以
將轉檯正轉和反轉。

4 伸縮臂式舉升裝置

　　舉升裝置是該車的核心，只有依靠它，才能將工作人員送到高空。

　　常見的伸縮臂式舉升裝置由直臂、可伸縮的箱形臂構成，其中，直臂又分為一節或多節，各節透過液壓缸活塞桿的推動，改變臂架的長度，將工作人員或器物送到特定的高度。

臂液壓器

二臂作業臂
大臂作業臂

車門

3 作業平臺具有調平裝置

　　舉升裝置的端部連接著作業平臺，是載人或器材的重要部位。其中調平裝置，可以調整作業平臺的底部，使之處於水平面上，保證人員在高空作業的安全。

引擎蓋

引擎

輪胎

聯結車

聯結車，又叫載重汽車，主要用來運送貨物，有時也用來牽引其他車輛。自1896年德國戴姆勒汽車公司成功製造出世界上第一輛聯結車，它就成為了人們運輸貨物的好幫手。

 ## 笨重

聯結車非常笨重，中型重量約為6~14噸，重型在14噸以上，即使是微型的也有約1.8噸。

引擎 ——

前燈 ——

 ## 配置明確

一般分為車頭車尾兩部分，車頭部分是有車門的駕駛室，還有車子的核心部位，如引擎等，車尾部分則是裝載貨物用的貨櫃。

3 強大的轉向系統

　　要帶動貨櫃，必須依靠強大的轉向系統。
通常有萬向傳動裝置，用來傳遞角度的改變，
從而改變傳動軸線方向的位置，藉以支配後面
貨櫃隨著車頭一起改變方向。

4 多節貨櫃，多個輪胎

　　敞開式的貨櫃可以依據需要，用金屬鉤
子和鉸鏈串聯，根據貨櫃節數再配備相對應
的輪胎，這是最突出的特徵。如果貨櫃多，
車身變長，轉彎時更要格外小心。

5 燃料特殊

　　絕大部分採用柴油引擎，但有
部分輕型貨車使用汽油、石油氣或
者天然氣。

駕駛室

減震板

油箱

輪胎

輪盤

輪圈

避震器

前軸

垃圾車

垃圾車是專門用於運送不可回收的垃圾的專用車輛。其中,壓縮式的設計,讓運輸的效率非常高,它可以將裝入的垃圾壓縮、壓碎,讓垃圾體積縮小,節省空間,大大提高單次運載量。

 ## 垃圾車尾斗獨立分開

該車最大的特點是尾斗和車體分開,一車可以和多個尾斗聯合使用,大大提高了車子的運輸能力。另外,尾斗可以吊上吊下,裝垃圾和卸垃圾都非常方便。

推鏟液壓桿

推鏟

液壓桿

添裝器

油箱

汙水

前軸

2 填裝器

壓縮式垃圾車有填裝器配備,舉起填裝器,推鏟往後移動,就可以沿水平方向將垃圾箱裡的垃圾推出。

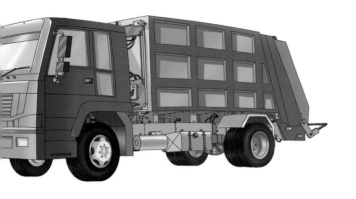

3 汙水箱

汙水箱安裝在填裝器下方，不僅接收垃圾壓縮時滲透出來的水，還接收了因垃圾箱與填裝器之間的密封條老化或破損而滲漏的汙水，非常環保。

駕駛室

散熱前柵

引擎

輪胎

4 垃圾推進器

壓縮式垃圾車採用負壓結構的推壓器，藉由控制電力，將垃圾推壓入車廂，使得垃圾密度變高，均勻地分布在車廂內。

螺旋葉片

攪拌裝置

進料斗

出料斗

操控系統

機架

1 外形獨特

分前後兩部分，前部為駕駛室，後部安裝了一個超大的兩端細、中間粗的圓柱體。此圓柱體被稱為罐體，是水泥攪拌車裝載水泥的重要部位。

2 操控系統

是用來控制攪拌筒的旋轉方向，在進料和運輸過程中順時針旋轉，出料時逆時針旋轉。此外，它還可以控制攪拌筒的轉速。

水泥攪拌車

水泥攪拌車又叫混凝土攪拌車，是一種專業車款，主要是運輸水泥，因此常常可以在一些建築施工基地看到它的身影。

 ## 液壓系統

液壓系統主要是提供攪拌筒舉升的動力，便於卸載水泥。

 ## 邊行駛邊旋轉

該車最大的特點是罐體內有安裝螺旋葉片，行駛的過程中，罐體會不停地旋轉，以確保混凝土不會在運輸過程中凝固。

水路系統

液壓系統

底盤

NISSAN 日產 LEAF

日產LEAF誕生於2009年，是全世界策一款經濟型零排放汽車，開啓了全球環保新篇章，代表零排放時代的到來。這款純電動汽車一推出，便受到了世人的矚目。

 ## 獨特的外形設計

為5人座掀背兩廂車，前半部採用棱角分明的垂直V型設計，LED大燈長且向上延伸，內部為藍色反光材質，設計新穎獨特。

避震器

 ## 先進的鋰電池技術

該款的核心為車輛底盤的先進鋰電池技術，無需耗油，續航里程可達160公里以上，能滿足消費者一天行程。

車門

④ 成本更低

　　另一顯著的特徵是：省去了油箱、引擎、變速器、冷卻系統和排氣系統成本，與傳統汽車的內燃機動力系統相比，該車的電動機和控制器成本更低。

 ## ⑤ 充電快捷

　　充電速度非常快，僅需30分鐘就可以達到80%的電量。在家充電時，使用200伏特插座，約需8小時可以充滿電量，可以在晚上休息時進行。

方向盤

引擎蓋

引擎

充電口

前燈

電池組

輪胎

 ## ③ 聰明的車載智慧資訊系統

　　該車配備車載智慧資訊系統，即使在熄火狀態，駕駛也可以用手機開啟空調並設置充電功能，車內遙控計時器也可以預設電池充電功能。

賓士 B 級 F-CELL 燃料電池車

賓士B級F-CELL燃料電池車由賓士公司於2009年推出，它是建立在B級車基礎上的首款燃料電池車，一問世便受到廣泛關注。時尚的外形和強大的續航力備受環保人士的喜愛。

車門

鋰電池

燃料電池

高壓氫氣罐

1 先進的鋰離子蓄電池

採用先進的鋰離子蓄電池代替鎳氫蓄電池，蓄電量更高，體積更小，續航力可達385公里。

獨特的夾層結構

該車的燃料電池系統如儲氫罐、鋰電均分布在車座底下、引擎蓋下等獨的「夾層」結構中，不僅不影響車內空還降低車輛重心，提高行駛的穩定

加氫過程簡單

燃料電池內的電能用完後，可以補充氫燃料，重複使用。加氫過程非常簡單，與普通天然氣動力車的過程一樣，只需3分鐘左右就可加滿。

引擎蓋

電動機

空氣組件

安全性能高

採用先進的技術，可即時監測儲氫罐的高壓狀態，一旦故障就會自動切斷電力，安全可靠。

輪胎　　　　　　　　　前燈

車來令片

孩子的心中總是有著各式各樣的疑問，
這些問題，常讓您不知如何回答嗎？
別擔心，現在就讓小小科學家
來幫您解答吧！

小小科學家1
神奇的人體

書號：3DH3
ISBN：978-986-121-943-1

小小科學家2
頑皮的空氣

書號：3DH4
ISBN：978-986-121-947-9

小小科學家3
歡悅的聲音

書號：3DH5
ISBN：978-986-121-963-9

小小科學家4
千奇百怪的力

書號：3DH6
ISBN：978-986-121-962-2

國立台北教育大學附設實驗國民小學
陳美卿、張淑惠老師 🍎 審定、推薦

每套原價960元
特價880元

《小小科學家》這套書可幫助你提高手腦並用的能力，以圖文並茂的方式講述科學小故事，各式各樣的生活科學知識，動手解決問題，培養學以致用的態度與精神，一同探索科學的奧祕，分享學習科學的無限樂趣。

五南文化事業機構
WU-NAN CULTURE ENTERPRISE

伴熊逐夢—
台灣黑熊與我的故事
作者：楊吉宗　繪者：潘守誠
ISBN：978-957-11-7660-4
書號：5A81
定價：300元

毒家報導—
揭露新聞中與生活有關的化學常
作者：高憲明
ISBN：978-957-11-8218-6
書號：5BF7
定價：380元

棒球物理大聯盟：
王建民也要會的物理學
作者：李中傑
ISBN：978-957-11-8793-8
書號：5A94
定價：400元

基改食品免驚啦！
作者：林基興
ISBN：978-957-11-8206-3
書號：5P21
定價：400元

3D列印決勝未來（附光碟）
作者：蘇英嘉
ISBN：978-957-11-7655-0
書號：5A97
定價：500元

你沒看過的數學
作者：吳作樂、吳秉翰
ISBN：978-957-11-8698-6
書號：5Q38
定價：400元

核能關鍵報告
作者：陳發林
ISBN：978-957-11-7760-1
書號：5A98
定價：280元

看見台灣里山
作者：劉淑惠
ISBN：978-957-11-8488-3
書號：5T19
定價：480元

當快樂腳不再快樂—
認識全球暖化
作者：汪中和
ISBN：978-957-11-6701-5
書號：5BF6
定價：240元

工程業的宏觀與微觀
作者：胡僑華
ISBN：978-957-11-8847-8
書號：5T24
定價：480元

國家圖書館出版品預行編目資料

科技大透視.1：汽車方程式／紙上魔方編繪.
　　-- 二版. -- 臺北市：五南圖書出版股份有
　限公司，2019.05
　　面；　公分
　　ISBN 978-957-763-275-3（平裝）

1.科學技術　2.汽車　3.通俗作品

400　　　　　　　　　　　　108000959

ZC01

科技大透視1：汽車方程式

編　　繪 ─ 紙上魔方

發 行 人 ─ 楊榮川

總 經 理 ─ 楊士清

總 編 輯 ─ 楊秀麗

副總編輯 ─ 王正華

責任編輯 ─ 金明芬

封面設計 ─ 王麗娟

出 版 者 ─ 五南圖書出版股份有限公司

地　　址：106台北市大安區和平東路二段339號4樓

電　　話：(02)2705-5066　　傳　　真：(02)2706-6100

網　　址：https://www.wunan.com.tw

電子郵件：wunan@wunan.com.tw

劃撥帳號：01068953

戶　　名：五南圖書出版股份有限公司

法律顧問　林勝安律師事務所　林勝安律師

出版日期　2017年2月初版一刷
　　　　　2019年5月二版一刷
　　　　　2021年3月二版二刷

定　　價　新臺幣180元

經典永恆・名著常在

五十週年的獻禮——經典名著文庫

五南，五十年了，半個世紀，人生旅程的一大半，走過來了。

思索著，邁向百年的未來歷程，能為知識界、文化學術界作些什麼？

在速食文化的生態下，有什麼值得讓人雋永品味的？

歷代經典・當今名著，經過時間的洗禮，千錘百鍊，流傳至今，光芒耀人；

不僅使我們能領悟前人的智慧，同時也增深加廣我們思考的深度與視野。

我們決心投入巨資，有計畫的系統梳選，成立「經典名著文庫」，

希望收入古今中外思想性的、充滿睿智與獨見的經典、名著。

這是一項理想性的、永續性的巨大出版工程。

不在意讀者的眾寡，只考慮它的學術價值，力求完整展現先哲思想的軌跡；

為知識界開啟一片智慧之窗，營造一座百花綻放的世界文明公園，

任君遨遊、取菁吸蜜、嘉惠學子！